BEI GRIN MACHT SICH IHR WISSEN BEZAHLT

AF388610

- Wir veröffentlichen Ihre Hausarbeit,
  Bachelor- und Masterarbeit

- Ihr eigenes eBook und Buch -
  weltweit in allen wichtigen Shops

- Verdienen Sie an jedem Verkauf

Jetzt bei www.GRIN.com hochladen und kostenlos publizieren

Robert Schneider

Die Maginot Linie - ein kurzer Einblick

GRIN Verlag

Impressum:

Copyright © 2008 GRIN Verlag GmbH
Druck und Bindung: Books on Demand GmbH, Norderstedt Germany
ISBN: 978-3-640-26086-7

Dieses Buch bei GRIN:

http://www.grin.com/de/e-book/121732/die-maginot-linie-ein-kurzer-einblick

Johannes Gutenberg-Universität Mainz

Geographisches Institut

Deutschlandexkursion: Saar-Lor-Lux

Sommersemester 2008

Die Maginot Linie

Inhaltsverzeichnis

1. <u>Einleitung</u>

André Maginot wurde 1877 als ältester Sohn eines Notars in Paris geboren und machte seinen Abschluss in Rechts-und Politikwissenschaften mit dem Schwerpunkt Verwaltungswissenschaften. Danach begann er seine politische Karriere als Provinzialrat von Revigny-sur-Ornain. Nach der Beendigung seines Militärdienstes wurde er zum Generalgouverneur von Algerien ernannt und trat 1913 als Unterstaatssekretär in die Dienste des Kriegsministeriums ein. Die ersten Monate seiner Amtszeit widmete sich Maginot der Verbesserung der französischen Ausrüstung und erarbeitete dafür ein sieben jähriges Programm. Im Ersten Weltkrieg zieht er freiwillig an die Front und wird dafür später zum Stabsunteroffizier ernannt. Nach einer Verletzung nach einem deutschen Beschuss und zahlreichen Operationen konnte er, schon 1914, nicht mehr an die Front zurückkehren. Die Ernennung zum Minister für Krieg und Kriegspension 1922 veranlasst ihn die französische Ostgrenze und deren Verteidigungssysteme zu kontrollieren und die ersten Pläne für den Bau von neuen Festungsanlagen zu organisieren. Am 3. November 1928 wurde Maginot zum Kriegsminister ernannt[1] und konzentrierte sich intensiv auf den Ausbau der Verteidigungslinie an der französischen Ostgrenze, welche nach ihm benannt wurde und somit den Titel der „Maginot-Linie" bekam[2].

Innerhalb des Generalstabes gab es jedoch schon unmittelbar nach dem Ersten Weltkrieg verschiedene Ansichten, wie eine Verteidigungslinie zur Abwehr eines erneuten Einmarsches des deutschen Militärs aussehen könnte. Generalinspekteur Pétain sprach sich für eine durchgehende Linie in den Grenzgebieten aus, dagegen stand die Auffassung von Marschall Joffre der nur eine Beibehaltung der unterirdischen Festungsanlagen von Verdun, Toul und Epinal für sinnvoll hielt. Die Unruhen in Marokko und Syrien unterbrachen den Planungsprozess und er wurde erst wieder 1925 weitergeführt unter der Leitung von Kriegsminister Painlevé. Nach der Gründung einer Kommission[3], welche sich ausschließlich mit diesem Thema beschäftigen sollte, legte diese 1929 einen endgültigen Bericht über das von ihnen ausgearbeitete Konzept vor. Das hier vorgestellte Konzept ähnelte sehr der Ansicht von Pétain, nämlich eine groß angelegte Verteidigungslinie, welche zusätzlich noch mit unterirdischen Gewölben verstärkt werden sollten[4]. An dieser Stelle trat André Maginot in Erscheinung. Als Kriegsminister beantrage er in der Nationalversammlung die Abstimmung über den Bau der Linie und deren Finanzierung mit über 3,3 Milliarden Francs. Nach

---

[1] Nachdem er in der Zwischenzeit die Ämter des Präsident des Verwaltungsrats des nationalen Amts für Kriegsgeschädigte und Minister für die Kolonien inne hatte.
[2] Hornung, A. (kein Datum): *André Maginot*. Internet:
http://www.dhm.de/lemo/html/biografien/MaginotAndre/index.html(15.09.2008).
[3] Gemeint ist hier die "Commission d'Organisation des régions fortifiées" (Kommission zur Organisation der Festungsgebiete).
[4] Allcorn, William (2003): The Maginot Line. 1928-45. S.8. Oxford.

der Zustimmung durch das Kabinett, wurde der Plan dem Senat vorgelegt, welcher dem Bau der Verteidigungslinie auch zustimmte[5].

In dieser Arbeit soll nun die Konstruktion der Maginot-Linie, sowie deren Struktur und Geschichte betrachtet werden. Dabei soll immer wieder der Blick auf die Bevölkerung gewahrt werden unter der Problematik: „Was für Schwierigkeiten ergaben sich für die französische Bevölkerung durch den Bau der Verteidigungslinie? Wie reagierten die Deutschen auf die Linie?". Und schließlich soll auch die Effektivität der Maginot-Linie in Betracht auf den Zweiten Weltkrieg erörtert werden. Denn das scheint die bedeutendste Frage zu sein, wenn man von diesem kolossalen Bauwerk an der französischen Ostgrenze redet.

2. <u>Bau und Struktur der Maginot-Linie</u>

2.1. <u>Bau der Maginot Linie</u>

Der Bau der Maginot-Linie wurde mit Hilfe von vielen verschiedenen zivilen Baufirmen durchgeführt, welche ein Abkommen mit der französischen Regierung unterzeichnet hatten. Die ersten Bauarbeiten begannen 1930 und die Linie reichte vom Norden des Elsass, bis hin zur Schweizer Grenze. Dieses gigantische Bauvorhaben mit über 100 Kilometer Tunnelsystem, zwölf Millionen Kubikmeter Erdarbeiten, anderthalb Millionen Kubikmeter Beton, 150.000 Tonnen Stahl und 450 Kilometer Straßen und Eisenbahnschienen wurde 1935 größtenteils beendet, ausgenommen von ein paar kleinen Erweiterungen, welche 1934 zum Plan hinzugefügt wurden[6]. Diese Erweiterungen wurden dem Plan auf Grund der zunehmenden Bedrohung einer deutschen Invasion hinzugefügt und so verlängerte sich die Maginot-Linie bis hin zur Atlantikküste. Doch wurden manche Bunker gerade kurz vor der deutschen Westoffensive fertiggestellt, weil die Arbeiten unterbrochen werden mussten um die französische Armee zu modernisieren und zu mobilisieren[7].

Vorrang bei dem Bau hatten vor allem die Verteidigungsanlagen[8], welche sich in Metz und Lauter befanden. Während der Konstruktion der Linie gab es immer wieder Veränderungen des Bauplans und auch die Kosten wurden bei weitem überschritten, so dass man nach der Beendigung des Baus einen Endbetrag von über fünf Milliarden Francs zu begleichen hatte. Damit wurde das genehmigte Limit von 3,3 Milliarden Francs deutlich überschritten[9] und in Anbetracht des

---

[5] Hornung, A. (kein Datum): *Die Maginot-Linie*. Internet:
http://www.dhm.de/lemo/html/wk2/aussenpolitik/maginot/index.html(15.09.2008).
[6] Allcorn, William (2003): The Maginot Line. 1928-45. S.9. Oxford.
[7] Hornung, A. (kein Datum): *Die Maginot-Linie*. Internet:
http://www.dhm.de/lemo/html/wk2/aussenpolitik/maginot/index.html(15.09.2008).
[8] Diese wurden „régions fortifiées" genannt, was man mit „befestigte Regionen" übersetzen kann.
[9] Allcorn, William (2003): The Maginot Line. 1928-45. S.9. Oxford.

Krieges und der Weltwirtschaftskrise im Jahre 1929, dürften die Kosten ein tiefes Loch in den französischen Staatshaushalt gerissen haben.

Ganz zu schweigen von den Kosten für die französische Bevölkerung, welche durch die Weltwirtschaftskrise durchaus in Mitleidenschaft gezogen wurde. Winston Churchill, der Premierminister Großbritanniens im Zweiten Weltkrieg, äußert sich in seinem Buch über den Zweiten Weltkrieg sowohl positiv als auch negativ über die Maginot-Linie. Der negative Aspekt bei dieser groß angelegten Verteidigungslinie ist die Förderung der defensiven Haltung der Franzosen[10], wogegen Churchill von einer klugen „Vorsichtmaßnahme"[11] zur Verteidigung der französischen Grenze spricht und dabei noch erwähnt, dass man durch die Errichtung der Festungen Truppen einsparen und eine Invasion der Deutschen kanalisieren konnte. In einem abschließenden Urteil über die Linie, bewertet Churchill die Linie als richtige Entscheidung und ist sogar entsetzt darüber, dass die Linie nicht bis zur Maas verlängert wurde. Diesen Fehler legt er Marschall Petain zu lasten, welcher sich maßgeblich gegen diese Verlängerung geweigert haben soll[12].

2.2. <u>Struktur der Maginot Linie</u>

In diesem Teil der Arbeit möchte ich nur auf den Nordosten Frankreichs eingehen und somit auf die Grenzregionen nördlich von Saarbrücken bis hin zu den französischen Grenzen mit Belgien und Luxemburg.

Die deutsch-französischen Grenzgebiete sind durch sehr unterschiedlich geprägte Landschaften gekennzeichnet, sowohl flaches als auch hügeliges Terrain sind hier vorzufinden. Die Verteidigungslinie in diesem Bereich besteht annähernd kontinuierlich aus Panzersperren und Stracheldrahtzaun mit angrenzenden Bunkern, welche so aufgestellt waren, dass sie sich gegenseitig Feuerschutz geben konnten. Diese Bunker wurden Intervallkasematten genannt und bestanden aus Stahlbeton[13]. Zur Verteidigung waren Maschinengewehre und Panzerfäuste

---

[10] Wobei man sich bei dieser Äußerung nicht Fragen sollte, ob es doch eher ein positiver Aspekt ist. Denn die defensive Haltung des französischen Volkes war in keiner Weise negativ zu deuten. Was blieb den Franzosen auch anderes übrig? Einen neuen Krieg gegen Deutschland entfachen? Das wäre wohl kaum möglich gewesen. Denn das französische Volk hatte den Ersten Weltkrieg mit aller Härte zu spüren bekommen und wäre mit Sicherheit nicht einverstanden gewesen mit einem Angriffskrieg gegen Deutschland. Schon die Ruhrbesetzung löste Konflikte in der Bevölkerung und mit anderen ausländischen Verbündeten aus. Deswegen blieb den Franzosen kaum eine andere Möglichkeit, als sich gegen das Deutsche Reich mit einem massiven Schutzwall zu schützen. Die Stelle aus Churchills Buch sollte darum auch mit aller Vorsicht berücksichtigt werden.
[11] Churchill, Winston S.(^{3}2004): Der Zweite Weltkrieg. S. 221. Frankfurt am Main.
[12] Churchill, Winston S.(^{3}2004): Der Zweite Weltkrieg. S. 221. Frankfurt am Main.
[13] Diese Bunker waren zweistöckig und beinhalteten eine Besatzung von ungefähr 30 Mann. Hier kann man einen Nachteil dieser Kasematten erkennen. Denn auf der gesamten Linie befanden sich schon alleine 360 Kasematten, welche jeweils mit einer Besatzung von 20 bis 30 Soldaten besetzt werden mussten. Dadurch wurden viele Soldaten die zur Verteidigung der Linie

vorrätig, mit deren Hilfe man den deutschen Vorstoß stoppen wollte[14]. Die Abstände zwischen den Kasematten variierte zwischen einigen hundert Metern und einem Kilometer oder in manchen Fällen sogar noch mehr[15].

Zu den hier schon erwähnten Kasematten kamen die sogenannten „ouvrages"[16], welche man in zwei verschiedene Arten untergliedern konnte. Die „petits ouvrages" und die „gros ouvrages". Diese Festungen hatten Platz für mehr als 1000 Mann Besatzung, wobei gesagt werden muss, dass sich die Klassifizierung der „ouvrages" auch auf die Anzahl der sich dort aufhaltenden Personen niederschlug. Die „petit ouvrages" waren kleiner und beherbergten eine geringere Anzahl von Soldaten als die „gros ouvrages"[17]. Ein weiterer Unterschied zwischen den beiden Festungstypen war die Art der Bewaffnung, mit welcher sie ausgestattet waren. Die kleineren „petit ouvrages" waren fast wie die Kasematten ausgestattet, nämlich mit Maschingewehren und Panzerfäusten. Die „gros ouvrages" hingegen hatten zusätzlich noch schwere Artilleriegeschütze von 75mm und 135mm. Die Festungen waren meistens miteinander unterirdisch verbunden durch ein Netz von Gängen und sogar von Schienen, damit Waffen und Soldaten bei einem möglichen Angriff schnell verlagert werden konnten[18].

Eine typische „petit ouvrage" war aufgegliedert in drei Teile. Zum einen gab es zwei Kasematten und ein Geschützturm. Die „gors ouvrages" waren die stärksten Verteidigungsanlagen der Maginot-Linie. Sie konnten zwischen 500 und 1000 Soldaten unterbringen und bestanden aus einer Vielzahl von „Kampfblöcken" die alle in einem relativ kleinen Gebiet angeordnet wurden, damit sie sich gegenseitig unterstützen konnten. Diese Kampfblöcke waren nicht weiter als 800 Meter voneinander entfernt und reichten bis zu 20 Meter unter die Erde[19]. Diese Festungen beinhalteten Kommandozentralen, Kraftwerke zur Erzeugung von Strom, Quartiere für die dort ansässige Mannschaft, Küchen, Munitionslager, Werkstätte und Ventilatoren. Weiterhin hatten einige „gros ouvrages" noch einen oder in seltenen Fällen zwei Beobachtungstürme[20]. Forts und Kasematten wurden

---

eingesetzt wurden fern von der Front gehalten. Soldaten die an der Front gegen die Deutschen gebraucht wurden, saßen also nun in den Bunkern und Festungen fest und konnten ihr Land nicht verteidigen (denn wie später noch erwähnt werden soll, wurde der „Fall Gelb" und damit der Einmarsch in Frankreich durchaus nicht über den Rhein geplant, sondern über Belgien und Luxemburg.) Auch Churchill kritisiert diesen Aspekt der Maginot-Linie in seinem Werk über den Zweiten Weltkrieg und fügt noch hinzu, dass durch den Bau der Linie die Wachsamkeit der Nation und die militärische Strategie der Franzosen beeinträchtigt wurden.
Siehe: Churchill, Winston S.([3]2004): Der Zweite Weltkrieg. S. 222. Frankfurt am Main.
[14] *Maginot Line at War 1939-1940.* (kein Datum). *Maginot Line.* Internet: http://mysite.verizon.net/vzev1mpx/maginotlineatwar/id2.html(19.09.2008).
[15] Allcorn, William (2003): The Maginot Line. 1928-45. S.9. Oxford.
[16] Die Übersetzung für ouvrages mit Arbeit verdeutlicht nicht den wahren Zweck dieser Anlagen. Natürlich wurde in diesen Anlagen auch gearbeitet, denn Krieg ist auch Arbeit, aber ich würde diesen Begriff lieber mit dem Wort Festung oder Fort übersetzen.
[17] Allcorn, William (2003): The Maginot Line. 1928-45. S.16. Oxford.
[18] *Maginot Line at War 1939-1940.* (kein Datum). *Maginot Line.* Internet: http://mysite.verizon.net/vzev1mpx/maginotlineatwar/id2.html(19.09.2008).
[19] Allcorn, William (2003): The Maginot Line. 1928-45. S.19. Oxford.
[20] Allcorn, William (2003): The Maginot Line. 1928-45. S.25. Oxford.

durch Panzersperren, sowie Stacheldrahtzaun verbunden. Die Panzersperren bestanden entweder aus senkrecht in den Boden eingegrabenen Eisenbahnschienen oder aus breiten Panzergräben[21].

3. <u>Die Maginot-Linie im Krieg</u>

Der Fall „Gelb" oder auch die befürchtete Invasion der Deutschen in Frankreich, wurde von Hitler 1939 in Auftrag gegeben und die Planung der Invasion oblag der deutschen Wehrmachtsgeneralität. Doch anders als von Hitler erwartet besaßen die Generäle keinen Musterplan für den Angriff. Einen Frontalangriff auf das französische Festungssystem wurde aber von Anfang an abgelehnt, da sich dieser schnell in einen Stellungskrieg von 1914/15 entwickeln konnte. Der Respekt vor den Franzosen führte zu einer fortfährenden Terminverschiebung des Angriffs, insgesamt 29 mal wurde die Invasion verschoben. Der letztendliche Plan für den Einmarsch in Frankreich war dann jedoch nur eine Variation des Schlieffenplans von 1914[22].

Hitler war gewillt den Krieg mit Frankreich zu einem schnellen und für ihn positiven Ende zu bringen und als der Termin mit dem 10. Mai 1940 endgültig feststand konnte der Blitzkrieg gegen Frankreich beginnen. Die deutschen Truppen sollten hauptsächlich auf dem rechten Flügel nördlich von Lüttich konzentriert werden, jedoch änderte sich der Plan relativ schnell und so wurden die Maasübergänge zwischen Namur und Sedan nun zum wichtigsten Ziel des deutschen Angriffs. Von dort aus wollte man nach Westen in Richtung des Meeres und den Alliierten den Weg abschneiden, welche über Belgien vorrücken würden[23]. Der deutsche Vorstoß gegen Holland kam schnell voran und kurz darauf stand die deutsche Infanterie bei Sedan an der Maas und überquerte die Brücke, dadurch konnten sie den Panzern den Weg frei räumen und die französische Verteidigung brach durch den schnellen Vormarsch zusammen. Panik breitete sich in der französischen Armee aus und auf einmal schien es, als würden überall deutsche Panzer zu sehen sein. Nach der Katastrophe von Dünkirchen[24] war die französische Niederlag nicht mehr aufzuhalten[25]. Nach

---

[21] *Maginot Line at War 1939-1940.* (kein Datum). *Maginot Line.* Internet: http://mysite.verizon.net/vzev1mpx/maginotlineatwar/id2.html(19.09.2008).

[22] Müller, Rolf-Dieter (2005): Der letzte deutsche Krieg.1939-1945. S. 45f. Stuttgart.

[23] Parker, R.A.C. (2003): Das Zwanzigste Jahrhundert I. Europa 1918-1945. In: Fischer Weltgeschichte. Vom Imperialismus zum Kalten Krieg. Band 2. S. 332f. Frankfurt am Main.

[24] Vom 26. Mai bis zum 3. Juni 1940 kam es zu einer gewagten Evakuierung der alliierten Streitkräfte, nach dem raschen vordringen der deutschen Wehrmacht. Durch diese Rettungsaktion konnten ungefähr 370.000 Soldaten nach England evakuiert werden, darunter auch 139.000 Franzosen. Doch das gesamte Material mussten die Alliierten zurücklassen. Darunter tausende Geschütze und zehntausende Fahrzeuge. Hinzu kamen noch ungefähr 40.000 Gefangene welche nicht mehr evakuiert werden konnten.
Müller, Rolf-Dieter (2005): Der letzte deutsche Krieg.1939-1945. S. 47f. Stuttgart. und Scriba, A. (kein Datum): *Evakuierung bei Dünkirchen (26. Mai bis 3. Juni 1940).* Internet: http://www.dhm.de/lemo/html/wk2/kriegsverlauf/duenkirchen/index.html(19.09.2008).

[25] Müller, Rolf-Dieter (2005): Der letzte deutsche Krieg.1939-1945. S. 47f. Stuttgart.

Dünkirchen wurde die deutsche Wehrmacht umstationiert, für die zweite Phase des Krieges. Ab dem 5. Juni 1940 griffen die Deutschen auf der der gesamten Linie der Somme-Aisnean und schon am 14. Juni war Paris den deutschen Besatzern in die Hände gefallen[26]. Am 22. Juni musste die neugeschaffte französische Regierung um Regierungschef Pétain im Wald von Compiègne einen Waffenstillstandsvertrag unterzeichnen[27].

Die Maginot-Linie wurde natürlich auch von den Deutschen angegriffen. Der Hauptangriff auf die Linie erfolgte auf das westliche Ende der Linie durch eine Lücke bei der Saar. Mehrere „petit ouvrages", welche zu weit von den Artilleriegeschützen eines „gros ouvrages" gelegen waren, wurden eingenommen. Doch gegen die „gros ouvrages" gab es kein vorankommen für die Wehrmacht. Die großen Festungen waren gut geschützt gegen die schwere deutsche Artillerie und so konnten alle großen Festungen den deutschen Angriffen widerstehen[28]. Es wurden beim Fall „Gelb" nur zehn kleinere Festungen von den deutschen Soldaten eingenommen und weitere zwei große Festungen wurden von ihrer Besatzung geräumt[29]. Denn während des deutschen Angriffs auf Frankreich mussten immer mehr Divisionen von ruhigen Frontabschnitten der Maginot-Linie an die im Norden von Frankreich gelegene Front abgezogen werden. Denn dort brauchte man jeden verfügbaren Mann[30].

Frankreich hatte es versäumt nach dem Angriff der Deutschen auf Polen, dem Verbündeten zu Hilfe zu kommen und eine zweite Front zu eröffnen. Stattdessen warteten die Franzosen hinter der Maginot-Linie ab, was zusätzlich die Nervosität in der Armee und der Bevölkerung erhöhte[31]. Doch die Maginot-Linie, gebaut um an einem Frontsektor große Truppenmassen zu sparen und starke Kräfte in Reserve zu behalten, verfehlte nun das ihr vorgegebene Ziel. Mit Sicherheit kann man sagen, dass die Linie durchaus ihren Erwartungen gehalten hätte, wenn sich die deutschen für einen Frontalangriff über den Rhein entschieden hätten. Doch nun hatte sich die Maginot-Linie in einen „trügerischen Schutzwall"[32] verwandelt und die deutsche Wehrmacht konnte Frankreich trotz dieses Bollwerks einnehmen.

---

[26] Allcorn, William (2003): The Maginot Line. 1928-45. S.49. Oxford.
[27] Indem die Annexion von Elsaß-Lothringen faktisch anerkannt werden musste und ein dem Deutschen Reiche abhängiges Restfrankreich mit der Hauptstadt Vichy entstand.
Siehe: Bernecker, Walther L. (2002): Europa zwischen den Weltkriegen. 1914-1945. S.291. Stuttgart.
[28] Allcorn, William (2003): The Maginot Line. 1928-45. S.49. Oxford.
[29] http://mysite.verizon.net/vzev1mpx/maginotlineatwar/id1.html
[30] Vgl. dazu: Churchill, Winston S. (^{3}2004): Der Zweite Weltkrieg. S. 289. Frankfurt am Main.
[31] Bernecker, Walther L. (2002): Europa zwischen den Weltkriegen. 1914-1945. S. 162. Stuttgart.
[32] Bernecker, Walther L. (2002): Europa zwischen den Weltkriegen. 1914-1945. S. 291. Stuttgart.

4. <u>Erfolg oder Misserfolg?</u>

General Gamelin beginnt in seinem Artikel für die New York Times mit folgenden Worten: "There are many people even in France who believed, that the country lay sheltered behind „la ligne Maginot" and that it protected all our dangerous frontiers." [33]

Weiterhin meint er, dass die Regierung nichts tat um diese Ansicht zu verändern, da man auf keinen Fall das Volk beunruhigen wollte. Vielleicht war man wirklich davon überzeugt, dass die Deutschen den Weg über den Rhein nach Frankreich dank der Maginot-Linie nicht schaffen würden, doch am Ende kam doch alles anders als erwartet. Viele der Soldaten, welche an der Maginot-Linie stationiert waren, fühlten sich nach den Kämpfen nicht so als seien sie geschlagen worden[34]. Sie hatten ihren Job mit Bravur erledigt, denn die meisten Stellungen der Maginot-Linie wurden von der Wehrmacht nicht eingenommen. Wie schon im Kapitel zuvor wurde dargelegt, dass nur ein geringer Teil der Festungen in Besitz der Deutschen kam. So ist es nicht verwunderlich, dass die Soldaten weiter kämpfen und sich nicht geschlagen geben wollten. In diesem Fall ist es auch einfacher für die Besatzungen zu glauben, dass es sich höchstens um Falschmeldungen des Feindes handeln kann. Denn ihre Festungen wurden nicht bezwungen und die Maginot-Linie war größtenteils intakt. Erst mit Hilfe von Abgeordneten der französischen Regierung, welche den Besatzungen die persönliche Anweisung gaben zu kapitulieren, aufgrund de r deutschen Besatzung, brachte die Soldaten dazu ihre Waffen niederzulegen[35]. Auch Colonel Lalanne-Berdouticq ist der Meinung, dass die Verteidigungslinie dem deutschen Angriff durchaus standgehalten hat. Hierzu führt er das Beispiel von La Ferté an, welches mehr als einmal der deutschen Artillerie standhalten musste und diese Aufgabe geschafft hat[36]. Allcorn weist ein paar einzelne Schwächen der Maginot-Linie auf[37], zieht aber trotzdem ein positives Fazit. Denn die Linie hat ganz genau das getan, wozu sie auch gebaut wurde. Sie sollte dem deutschen Angriff standhalten und die Grenzen zu Deutschland schützen und genau das hat sie auch getan[38]. Auf der anderen Seite konnten die Franzosen den deutschen Vormarsch durch die Maginot-Linie nicht stoppen. Material, Arbeitskraft und viele Soldaten mussten für den Bau und die Funktionalität der Linie aufgebracht werden. Anstatt sich voll und ganz auf die Mobilisierung und Modernisierung des Heeres zu konzentrieren

---

[33] Gamelin, M. G. (1945): Gamelin stresses Maginot defects. *The New York Times* .Internet: http://mysite.verizon.net/vzev1mpx/sitebuildercontent/sitebuilderfiles/nytgamelinarticle.pdf.
[34] Allcorn, William (2003): The Maginot Line. 1928-45. S.56. Oxford.
[35] Allcorn, William (2003): The Maginot Line. 1928-45. S.56. Oxford.
[36] Lalanne-Berdouticq, C. (kein Datum): *Putting a stop to the hearsay about the Maginot Line.* Internet: http://mysite.verizon.net/vzev1mpx/sitebuildercontent/sitebuilderfiles/lalanne-berdouticq_col_version_3_ang-2.pdf(19.09.2008).
[37] Er kritisiert zum Beispiel Kasematten, welche am Rhein entlang gebaut wurden, weil diese für das deutschen Artilleriefeuer zu anfällig waren. Weiterhin spricht er noch die Festung von Montmédy an, welche zu weit entfernt war, um dem dort liegenden Brückenkopf Unterstützung zu geben.
[38] Allcorn, William (2003): The Maginot Line. 1928-45. S.57. Oxford.

wurden viele Arbeitsstunden und vor allem viel Geld in den Bau der Verteidigungslinie investiert.

5. Fazit

Nach dem Krieg wurden einige Schäden der Maginot-Linie wieder repariert und in einigen wenigen Fällen wurden Bauarbeiten sogar noch beendet, welche vorher noch nicht beendet werden konnten. Zum Schutze vor den sowjetischen Nuklearbomben wurden einige ouvrages in Kommandoposten umgewandelt, andere ouvrages wurden von der französischen Armee zu Trainingszwecken benutzt[39]. Im Zeitraum von 1967 bis 1970 wird die Maginot-Linie aufgegeben und für den Unterhalt nicht mehr gesorgt. Dies resultierte daraus, dass die Meinung aufkam die Maginot-Linie würde keinem nuklearem Angriff standhalten und somit wurde die Linie mit ihren Festungen den Plünderern „überlassen"[40]. Doch in den 1970ern wuchs das Interesse an der Verteidigungslinie wieder und 1974 erschien das erste Buch zum Thema der Maginot-Linie von Philippe Truttmann. Weitere Bücher sollten folgen und die ansässige Bevölkerung sahen langsam ein, dass die Maginot-Linie eine Touristenattraktion werden konnte. In den späten 1970ern konnten dann die ersten Festungen den Touristen zugänglich gemacht werden[41] und so kommen bis heute viele Touristen um dieses gigantische Bauwerk zu besichtigen und ein wenig Geschichte hautnah erleben zu können.

Wie diese Arbeit verdeutlichen sollte, war die Maginot Linie ein großes Bauvorhaben zum Schutze des französischen Volkes gegen die deutsche Wehrmacht. Auch wenn die Kritiker nach dem Krieg die Linie nicht zu schätzen wussten und sie sogar verurteilten[42] hatte sie doch ihre Aufgabe zur genüge erfüllt. Hätte man mehr Geld und Zeit gehabt die Maginot-Linie weiter auszubauen, dann wäre sie mit Sicherheit ein festes Bollwerk im Abwehrkampf gegen die Deutschen gewesen. Doch durch den Zeitmangel, für den mit Sicherheit auch das Deutsche Reich mit verantwortlich war[43], war es den Franzosen nicht möglich alle Stellen der Maginot-Linie so zu befestigen, dass sie vor einer Invasion der Wehrmacht geschützt waren. Hinzu kam die Änderung der Taktik durch die Deutsche Generalität. Man besann sich auf eine Variation des Schlieffenplans und marschierte von Norden her in Frankreich ein. Die stärksten Befestigungen jedoch waren an der französisch-deutschen Rheingrenze lokalisiert. Trotzdem bleibt dann immer noch der Vorwurf, man habe zu viel Geld, Energie und Soldaten in die Linie gesetzt. Diesen Kritikpunkt kann man mit Sicherheit nicht außer Acht lassen, jedoch wäre dann der Krieg wahrscheinlich anders Verlaufen und die Wehrmacht hätte über den Rhein ihren Angriff starten

---

[39] Allcorn, William (2003): The Maginot Line. 1928-45. S.59. Oxford.
[40] http://www.team-delta.de/Frankr/magi.htm.
[41] Allcorn, William (2003): The Maginot Line. 1928-45. S.59. Oxford.
[42] Vgl. dazu: Churchill, Winston S.(^{3}2004): Der Zweite Weltkrieg. S. 221. Frankfurt am Main.
[43] Denn auch Hitler musste erkennen, dass umso länger der Angriff gegen Frankreich hinausgezögert wurde, desto stärker konnten die Franzosen ihre Maginot-Linie ausbauen.

können[44]. Doch das sind alles nur Spekulationen. Sicher ist, dass die deutsche Generalität davon überzeugt war, dass man die Invasion nicht in den Gebieten der Maginot-Linie ansetzen konnte weil es dann zu einem Stellungskrieg kommen konnte[45]. Somit erfüllte das Verteidigungsbollwerk seine Aufgabe und leitete die Kampfhandlungen auf ein anderes Areal. Weitere Diskussionen über ein Versagen der militärischen Führung der Franzosen oder das Scheitern der französischen Regierung rechtzeitig in den Krieg einzugreifen, führen an dieser Stelle aber zu weit.

---

[44] Vgl. dazu: Parker, R.A.C. (2003): Das Zwanzigste Jahrhundert I. Europa 1918-1945. In: Fischer Weltgeschichte. Vom Imperialismus zum Kalten Krieg. Band 2. S. 332f. Frankfurt am Main.

[45] Müller, Rolf-Dieter (2005): Der letzte deutsche Krieg.1939-1945. S. 44. Stuttgart.

Literaturverzeichnis

Allcorn, W. (2003): *The Maginot Line. 1928-45* (Bd. 10). Oxford.

Bernecker, W. L. (2002): *Europa zwischen den Weltkriegen. 1914-1945.* Stuttgart.

Churchill, W. S. ([3]2004): *Der Zweite Weltkrieg.* Frankfurt am Main.

Gamelin, M. G. (1945): Gamelin stresses Maginot defects. *The New York Times* .Internet: http://mysite.verizon.net/vzev1mpx/sitebuildercontent/sitebuilderfiles/nytgamelinarticle.pdf.

Hornung, A. (kein Datum): *Die Maginot-Linie.* Internet: http://www.dhm.de/lemo/html/wk2/aussenpolitik/maginot/index.html(15.09.2008).

Hornung, A. (kein Datum): *André Maginot.* Internet: http://www.dhm.de/lemo/html/biografien/MaginotAndre/index.html(15.09.2008).

Lalanne-Berdouticq, C. (kein Datum): *Putting a stop to the hearsay about the Maginot Line.* Internet: http://mysite.verizon.net/vzev1mpx/sitebuildercontent/sitebuilderfiles/lalanne-berdouticq_col_version_3_ang-2.pdf(19.09.2008).

Maginot Line at War 1939-1940. (kein Datum). *Maginot Line.* Internet: http://mysite.verizon.net/vzev1mpx/maginotlineatwar/id2.html(19.09.2008).

Maginot Linie at War 1939-1940. (kein Datum). *Combat Operations.* Internet: http://mysite.verizon.net/vzev1mpx/maginotlineatwar/id1.html(19.09.2008).

Müller, P. (2004): *Maginotlinie.* Internet: http://www.team-delta.de/Frankr/magi.htm(19.09.2008).

Müller, R. D. (2005): *Der letzte deutsche Krieg. 1939-1945.* Stuttgart.

Parker, R.A.C. (2003): *Das Zwanzigste Jahrhundert I. Europa 1918-1945.* In: Fischer Weltgeschichte. Vom Imperialismus zum Kalten Krieg. Band 2. Frankfurt am Main.

Scriba, A. (kein Datum): *Evakuierung bei Dünkirchen (26. Mai bis 3. Juni 1940).* Internet: http://www.dhm.de/lemo/html/wk2/kriegsverlauf/duenkirchen/index.html(19.09.2008).